QING SHAO NIAN KE XUE TAN SUO YI

青少年科学探索

神奇探索之路

何水明 编著　丛书主编 郭艳红

自然：自然的传奇力量

汕头大学出版社

图书在版编目（CIP）数据

自然 ： 自然的传奇力量 / 何水明编著. -- 汕头 ：
汕头大学出版社，2015.3（2020.1重印）
　（青少年科学探索营 / 郭艳红主编）
　ISBN 978-7-5658-1664-2

Ⅰ . ①自… Ⅱ . ①何… Ⅲ . ①自然科学－青少年读物
Ⅳ . ①N49

中国版本图书馆CIP数据核字(2015)第025958号

自然：自然的传奇力量　　　ZIRAN: ZIRAN DE CHUANQI LILIANG

编　　著：何水明
丛书主编：郭艳红
责任编辑：宋倩倩
封面设计：大华文苑
责任技编：黄东生
出版发行：汕头大学出版社
　　　　　广东省汕头市大学路243号汕头大学校园内　邮政编码：515063
电　　话：0754-82904613
印　　刷：三河市燕春印务有限公司
开　　本：700mm×1000mm　1/16
印　　张：7
字　　数：50千字
版　　次：2015年3月第1版
印　　次：2020年1月第2次印刷
定　　价：29.80元
ISBN 978-7-5658-1664-2

前　言

　　科学探索是认识世界的天梯，具有巨大的前进力量。随着科学的萌芽，迎来了人类文明的曙光。随着科学技术的发展，推动了人类社会的进步。随着知识的积累，人类利用自然、改造自然的的能力越来越强，科学越来越广泛而深入地渗透到人们的工作、生产、生活和思维等方面，科学技术成为人类文明程度的主要标志，科学的光芒照耀着我们前进的方向。

　　因此，我们只有通过科学探索，在未知的及已知的领域重新发现，才能创造崭新的天地，才能不断推进人类文明向前发展，才能从必然王国走向自由王国。

　　但是，我们生存世界的奥秘，几乎是无穷无尽，从太空到地球，从宇宙到海洋，真是无奇不有，怪事迭起，奥妙无穷，神秘莫测，许许多多的难解之谜简直不可思议，使我们对自己的生命现象和生存环境捉摸不透。破解这些谜团，有助于我们人类社会向更高层次不断迈进。

　　其实，宇宙世界的丰富多彩与无限魅力就在于那许许多多的难解之谜，使我们不得不密切关注和发出疑问。我们总是不断地去认识它、探索它。虽然今天科学技术的发展日新月异，达到了很高程度，但对于那些奥秘还是难以圆满解答。尽管经过古今中外许许多多科学先驱不断奋斗，一个个奥秘被不断解开，推进了科学技术大发展，但随之又发现了许多新的奥秘，又不得不向新问题发起挑战。

宇宙世界是无限的，科学探索也是无限的，我们只有不断拓展更加广阔的生存空间，破解更多的奥秘现象，才能使之造福于我们人类，我们人类社会才能不断获得发展。

为了普及科学知识，激励广大青少年认识和探索宇宙世界的无穷奥妙，根据中外最新研究成果，编辑了这套《青少年科学探索营》，主要包括基础科学、奥秘世界、未解之谜、神奇探索、科学发现等内容，具有很强系统性、科学性、可读性和新奇性。

本套作品知识全面、内容精炼、图文并茂，形象生动，能够培养我们的科学兴趣和爱好，达到普及科学知识的目的，具有很强的可读性、启发性和知识性，是我们广大青少年读者了解科技、增长知识、开阔视野、提高素质、激发探索和启迪智慧的良好科普读物。

目 录

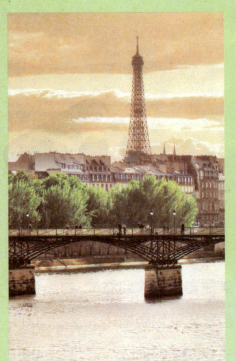

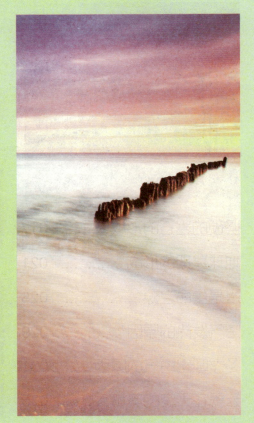

美丽富饶的大自然

　　大自然是指狭义的自然界，即自然科学研究的无机界和有机界。自然界是客观存在的，它是我们人类和自然产物赖以生长的基础。

　　可以说，我们所见的水、空气、山脉、河流、微生物、植

物、动物、地球以及宇宙等，都属于大自然的范畴。研究大自然的科学就是自然科学，自然科学又包括数学、物理、化学、生物学、地理学等，而这些科学又都有着繁杂的分支学科：如生物科学又可分为微生物学、植物学、动物学三大学科；进而又可以分出分子生物学、细胞学、遗传学、生理学等；各学科交叉又会衍生出许多分支学科，如生物化学、生物物理学、分子结构生物学等。

　　大自然孕育和哺育了人类，说明它尊重人类，相反人类更应该尊重大自然。从表面看，我们人类只是父母所生，而事实上是大自然有了人的光子信息，人体的胚胎才能吸收这些信息，将胚胎发育成人。

大自然里有着数不尽的天然资源，但并不代表这些天然资源永久存在。作为地球上的主人，人类应该与大自然互相尊重，保持珍惜和爱护的心态，适度地利用自然，不让大自然遭到破坏，使生活环境更加美好，合理利用自然资源，就像是母子一样亲密、和谐。

关于大自然的描述，它的丰富程度只能用浩如烟海来形容，它的纷繁复杂也不是能简单阐述的。

大自然里存在着各种生物，主要包括植物、动物、微生物三

大类。同时大自然也包含生态系统。构成大自然中的元素可以分为光、水、火、风、土等几种，自然对这些元素的平衡是时刻在无形中进行控制的。

延 伸 阅 读

　　大自然有许多动物都是天生的建筑师，一个马蜂窝的建筑结构，就连2008年北京奥运会主场馆鸟巢和它比起来也不过是小巫见大巫。各种植物的形状及结构也堪称完美。

自然界的物质循环

　　物质循环是指无机化合物和只有一种元素的单质通过生态系统的循环运动。如果没有物质循环，地球上的一切生灵都将不复存在。

　　生态系统的物质循环可分为三大类型，即水循环、气体型循环和沉积型循环。

　　生物有机体大约由40多种元素组成，其中碳、氢、氧、硫、磷等是最主要的元素，它们都来源于环境，构成了生态系统中所有的生物个体和生物群落。

　　在生态系统中，生产者（植物）把无机物转化为有机物，供给消费者（动物）消耗；消费者产生的废弃物及生产者的残体被分解者（微生物）消化，又转化为无机物，返回环境，供生产者重新利用。地球上无数个这样的物质循环，汇合成生物圈总的物质循环。

　　以生物圈的碳循环为例。绿色植物通过光合作用把二氧化碳从大气中取走，然后合成碳水化合物贮存在体内，食草和食肉动物再分别通过食物链来吸收这种营养物质。

　　动物的呼吸和微生物对动植物残体的分解，又将碳以二氧化碳的形式排放到大气中。

没有被完全分解的有机残体被埋在地下或堆积在海底，又转化成煤炭、石油和天然气。人类开采燃料，在燃料燃烧的过程中也向大气排入大量的二氧化碳。

像碳一样，生态系统中几乎所有营养物质都在生物与非生物环境之间不停地做循环流动。物质循环的顺利进行使生态系统的各部分协调一致，对生态系统的自我调节起着非常重要的作用。

如果人类大规模地进行干扰，物质循环就不能畅通地进行，就会造成严重的环境污染和破坏，导致生态失衡。

随着现代工业的发展，人类的活动不断地加剧，将大量的矿产从地下开采出来，并且人工创造了一些自然环境中本来不存在的物质，使物质循环受到了前所未有的影响。

某些物质在局部地区富集或者缺乏，产生了不利于生物和人类生存的环境效应。比如，人们大量燃烧石油、煤炭等燃料，加上森林面积的大量减少，就会使大气中的二氧化碳浓度逐年升高。大气中二氧化碳聚积在空中，就像温室的隔膜一样，阻止了地面的热量向外层空间散失，从而产生温室效应。

据估计，到2050年，全世界的平均气温将升高3摄氏度，到了那时，海平面将升高，对整个地球上的生物来说，后果将不堪设想。

延 伸 阅 读

物质循环在自然的状态下，一般是处于相对稳定的平衡状态。自然界里所有的物质循环都是在水循环的推动下完成的，没有水的循环就没有生态系统的功能，地球上的一切生命也将难以维持。

一年四季的形成

四季是指一年中交替出现的四个季节，即春季、夏季、秋季和冬季。在天文学上，季节的划分是以地球围绕太阳公转轨道上的位置来确定的。一年中的四季，只有在温带才有明显变化。我国大部分地处温带，因此四季分明。

地球围绕太阳公转的轨道是椭圆形的，并且与地球自转的平

面有一个夹角。当地球处在公转轨道的不同位置时，各个地方受到的太阳光照不同，接收到的太阳热量也不同，因此就有了季节的变化和冷热的差异。

地球绕太阳公转的速度为每秒30公里，绕太阳一周需要365天5时48分46秒。也就是一年，天文学上称之为回归年。地球绕太阳公转的轨道是一个椭圆，它的长直径和短直径相差不大，可近似为正圆。太阳就在这个椭圆的一个焦点上，而焦点是不在椭圆中心的，因此地球离太阳的距离，就有时会近一点，有时会远一点。事实上，当地球在近日点的时候，北半球为冬季，南半球为夏季，在远日点的时候，北半球为夏季，南半球为冬季。

在气候上，季节是以温度来区分的。在北半球，每年的3月至5月为春季，6月至8月为夏季，9月至11月为秋季，12月至2月为冬季。在南半球，各个季节的时间刚好与北半球相反。南半球是夏季时，北半球正好是冬季；南半球是冬季时，北半球则是夏季。在各个季节之间并没有明显的界限，季节的转换是逐渐进行的。

　　地球上的四季首先表现为一种天文现象，不仅有温度的周期性变化，也有昼夜长短和太阳高度的周期性变化。当然昼夜长短和正午太阳高度的改变，决定了温度的变化。四季的变化全球并不统一，北半球由暖变冷，南半球则由冷变热。

　　每年6月22日前后，地球离太阳最远，阳光直射北回归线，北半球是夏季，南半球是冬季。9月23日左右，阳光直射赤道，这天南半球和北半球得到太阳的热量相等，白天和黑夜一样长，北半

球是秋季，南半球则是春季。12月22日前后，地球离太阳最近，阳光直射南回归线。这天是北半球的冬至，白天最短，黑夜最长，而南半球正是夏季。3月21日前后，阳光直射赤道，这天是北半球的春分，而南半球是秋季。

延 伸 阅 读

　　天文四季是通过昼夜长短和太阳高度来划分四季的。天文四季在地球上是半球统一的。在半球的范围内，每个季节都有统一的开始时刻和结束时刻，并且在半球的范围内，每一地点都存在四个不同的季节，每个季节的时间也都等长。

地球上生命开始的时间

　　地球上的生命究竟是什么时候开始的？这一直是人类探究的问题。如果从最早的猿人开始计算，人类的产生到现在，已经有两三百万年的历史。如果把地球46亿年的演化史比作24小时的话，人类的出现则只有半分钟。

　　其实，早在人类出现之前，各种生命就已相继出现。它们从诞生至死亡，一种动物灭绝，另一种动物形成，就这样不断地进行物种更替，相互交替地活跃在地球的历史舞台上。

　　地质学家在一些地方发现了留有原始生命遗迹的化石，通过

对这些生物化石的年龄测定，确认它们是在距今5亿至6亿多年的寒武纪时代形成的。

地质学家的研究结果证明，这些化石中的生物还不是最原始的生命，它们已经是较高阶段的生命代表了。在它们之前还应该有更古老的生命存在。

后来，人们把一些留有生物遗迹的化石送到电子显微镜下观察，在一些"年龄"为二三十亿年的化石中发现了更为原始的生命遗迹。

1940年，美国科学家麦克格雷尔在津巴布韦的石灰岩中，发现了可能是藻类留下的碳质遗迹，岩石的年龄约为27亿年。

20世纪60年代以后，美国古生物学家巴洪等人终于又在距今34亿年的斯威士兰系的古老堆积物中发现了古细胞化石。

后来，科学家又在美国明尼苏达州的黄铁矿中，发现了椭圆状细菌结构物，据推测，其年龄大约为27亿年。

1975年我国科学家在鞍山含铁岩中发现了细菌化石，年代确定为24亿年。

但是，在已发现的古老化石中，年代最久远的还是1980年左右在澳大利亚西部发现的细菌化石，据测定，它的年代约在35亿年之前。它们中有许多个体都成对或多个连在一起。

这些发现足以证明，35亿年前不仅生命早已存在，而且已开始有了不同种类的分化。

前几年，美国科学家对来自格陵兰岛伊苏亚地方海洋和冰帽间狭窄的无冰地带的38亿年前的古老岩石进行了详细的碳、硫等元素的测定，发现这些岩石中含有机碳。他们根据这种与生命密切相关的有机碳的发现，提出了38亿年前就已有生命存在的新观点。

延 伸 阅 读

每当天空下小雨的时候，紫云英的叶面就会流下一种有毒的水滴，这是因为紫云英叶上的大量的硒溶进了水滴的缘故。周围的植物一旦接触到这种有毒的水滴就会被毒死。这是紫云英为"抢占地盘"而惯用的手法。

坚硬的岩石的形成

　　岩石，是固态矿物或矿物的混合物，是由一种或多种矿物组成的，具有一定结构构造的集合体，也有少数岩石包含生物的遗骸或遗迹，即化石。岩石是构成地壳和地幔的物质基础，按照成因可以划分为岩浆岩、沉积岩和变质岩。

岩石有三态，即固态、气态、液态，但主要是固态物质。岩石是组成地壳的物质之一，是构成地球岩石圈的主要成分。岩石是怎样形成的呢？自古以来，科学家们都在探索这一奥秘。

就这一问题，科学界还有过一场激烈的争论，持不同观点的科学家们互不相让，有人称这场争论为"水火之争"。

1775年，德国的地质学家魏格纳认为花岗岩和各种金属矿物是从原始海水中沉淀而成，人称"水成派"。

后来，以英国的地质学家詹姆士·赫顿为代表的一些科学家提出相反意见，认为花岗岩是岩浆冷却后形成的。人称"火成派"。

"水成派"与"火成派"一直激烈争论了几十年。现在看来，这两派观点都带有片面性。

如今，科学家们借助先进的设备，已经摸清了岩石的来龙去脉。如果按照质量计算，在地壳中约有3/4的岩石是由地球内部的岩浆冷却后凝结而成的，人们称它为"岩浆岩"或者"火成岩"。花岗岩就属于岩浆岩。

泥沙、矿物质和生物遗体等长期沉积在江湖和海洋底下，经过长期紧压胶结，以及在地球内部热力的作用下，变成了岩石，人们称它为"沉积岩"，如砂岩、页岩和石灰岩等。但沉积岩所占的比例不多，多数分布在地表，因此，我们平时容易见到。

岩浆岩和沉积岩形成之后，如果受到地壳内部的高温高压的作用，改变了性质和结构，就形成了另一种岩石——变质岩，如石英岩、大理石岩等。

岩浆岩、沉积岩、变质岩之间还可以互相转化，埋在地下的

变质岩可以被地壳运动推到地表，形成新的沉积岩。因此，著名生物学家林奈说："坚硬的岩石不是原始的，而是时间的女儿。"

的确，岩石正是经过长期的各种条件的作用，由其他物质转变而成的。

延 伸 阅 读

在地球上，仍可以看到火山爆发后喷出的温度高达1000℃以上的液态岩浆，经过冷却后形成的坚硬岩石。岩浆岩在地下形成，因此，它分布于地表的不多，一般都埋藏在比较深的地下。

地球冰期的形成

所谓冰期，是指地球历史上大规模的寒冷时期。在这个时期里，不仅地球的两极和高山顶上有冰川分布，就是一些纬度较低的地区和低矮的山岭上，也分布着许多冰川。

最近的一次大冰期是70万年前开始的，至今已发生过7次小冰期，每次持续时间为90000年之久，而两次冰期之间总是伴随着大约10000年的温暖的间冰期。

科学家们推测第七次冰期是在20000年前结束的，我们目前正生活在第七次温暖的间冰期末尾。再过5000年，我们居住的地球又将进入一次小冰期。那时整个地球将重新银装素裹，人们会生活在类似今天南极的冰天雪地之中。

面对这一预言，科学家提出了许多假说予以解释。首先进行推测的是德国地质学家希辛格尔。

希辛格尔在1831年提出，第四纪冰期的出现与第三纪的造山运动有关。后人发展了他的观点，认为冰期的发生是由于造山运动所造成的海陆分布不同。

山的升高和冰雪堆积的增厚，还使山区附近的气候发生变化，气温下降，并逐渐扩展影响到全球，使整个地球的平均温度下降，导致冰期出现。

反之，当造山运动平静后，山地受到侵蚀，高度不断降低，海水有可能浸入大陆上被削平的低洼地区，使其成为浅海。因为海水的热容量较大，当海洋面积扩大并积蓄较多热量之后，气候

开始逐渐转暖，出现间冰期。一旦造山作用重新发生，山脉再次升高，冰期便又重新来到。

1920年，南斯拉夫塞尔维亚的天体物理学家米兰柯维奇提出了天文说，认为地球上所以有周期性的冷暖变化，根本原因在于地表受到的太阳光照不均匀而造成的受热不均匀……

目前这一天文假说成为当前最受拥护的冰期成因假说。但这一假说只能解释一个大冰期中的冰期与间冰期的交替，而没能回答整个大冰期产生的原因。

近年来，又有新的假说认为，地球冰期的发生与太阳带领它的家族通过银河旋臂的时间有关。银河系是一个漩涡状星系，它具有4条旋臂。根据星系旋臂形成假说，太阳及其家族在绕银河系核旋转时，每隔两亿多年就要通过一次旋臂，而在旋臂里星际物质比较密集。

　　因此有人认为，当太阳通过旋臂时，大量星际尘埃使星际空间的透明度减少。太阳辐射的光和热受到星际尘埃的反射和折射，到达地球表面时能量明显削弱，使地球的年平均温度下降，发生冰期。

延　　伸　　阅　　读

　　全球各地在地质历史中曾发生过三次较大的冰期，分别为震旦纪冰期、石炭纪、二叠纪冰期。此外还发生过第四纪冰期。而每次大冰期又都是由许多持续发生的小冰期组成的。

水是生命之源

　　千百年来，人类祖祖辈辈生活在地球上，生生不息。但是人类对地球的了解却极为有限。

　　历史上，人们对地球充满了各种幻想，对它有过许多光怪陆离的描述。实际上，地球是一个巨大的"水球"。它是太阳系中唯一存在巨大水量的星体。可以说，水是所有生命的源泉。

　　地球的表面积约为5.1亿平方千米，其中海洋面积约为3.67亿平方千米，占整个地球表面积的70.8％；陆地面积约为1.49亿平方千米，占地球表面积的29.2％。

　　在北半球，陆地面积约占39.3％，海洋面积约占60.7％；在南半球，海洋面积约占80.9％，陆地面积约占19.1％，所以南半球也称水半球。南半球的陆地主要包括南美洲、赤道以南的非洲地区、澳大利亚、新西兰和南极洲等。

　　水质，是水体质量的简称。它标志着水体的物理，如色度、浊度、臭味等，以及化学和生物的特性及其组成的状况。为了评价水体质量，一些国家规定了一系列的水质参数和水质标准。如生活饮用水、工业用水和渔业用水等的水质标准。

水质评价一般是以对湖泊、河流、海湾或其他水体的属性、条件或特性进行检验为基础。这些属性中最重要的就是污染物、能刺激植物生长的营养物质、合成的化学品、矿物质、沉积物、放射性物质以及温度等。

水中含有的物质种类很多，有的溶解于水，还有大部分呈胶体状态的有机物以及悬浮固态颗粒。它们随环境条件的不同，含量也不同。各种水体的水质是不相同的。

水是生命的源泉，地球上的生命最早出现在水中；水也是文明的摇篮，河流和湖泊往往孕育着人类最辉煌的文明。人类的生

活和生产离不开水，水是自然赋予人类最宝贵的财富之一。

地球上只有淡水是主要的饮用水资源。人类目前能利用的淡水的储量很少，仅占全球淡水总储量的0.3%，相当于全球总水量的十万分之一。

延 伸 阅 读

人类的起源缘于水，人体内水的比重占70%。人体细胞的不断更新、生命的新陈代谢都离不开水的滋养和排泄，水是构成人体必不可少的、最重要的物质，水是生命之源。

空气发热的原因

夏天，太阳火辣辣地照射着大地，强烈的阳光把地面晒得发烫，天气酷热难耐，人们像生活在蒸笼里一样，就连吹来的风也是热烘烘的。常听有人说："瞧，太阳多毒，把空气都晒得这么热。"那么，真的是太阳把空气晒热的吗？

也许有人认为，如果没有阳光的照射，空气是不会热的。夜里的气温就比白天的气温低得多，而且夏季太阳高悬头顶，照射时间长，所以气温高；冬天，太阳斜射，照射时间短，所以气温低。这些不都说明空气是被太阳晒热的吗？

空气确实是因为有了阳光的照射才发热的，但是，并不是太阳晒热的，而是地面把它烤热的。

太阳发出的光和热是地球上能量的主要来源。太阳每年供给地球的热量，相当于燃烧200亿吨煤所产生的巨大热能。不过，太阳射向地球的是短波辐射，大气并不能吸收这种辐射的热量。所以阳光虽然穿过大气，但并不能把它晒热。穿过大气到达地面的太阳辐射能，大部分被陆地和海洋吸收。陆地和海洋不仅吸收太阳的辐射能，同时也要以辐射的方式放出热量，这叫做地面辐射。

地面辐射和太阳辐射不同，它是以长波辐射的形式向空中发散热量，这种热量能被大气吸收。

气温的升高主要是靠吸收地面长波辐射的能量。同时，吸收了太阳辐射热能而提高了温度的地面，通过空气的上下对流，也会把一部分的热量传给大气。

因为地面长波辐射的多少决定了气温的高低，所以应该说，空气是地面烤热的，而不是太阳把它晒热的。

不过，假如没有太阳照射，地面也就不会增温；地面不增温，当然也就不会有热量再辐射给大气。虽然太阳不能直接把空气晒热，但使气温升高的主要能量来源仍然是太阳发出的光和热。

在同一个地区的不同季节，太阳的高度不同。夏季太阳高度大，照射时间长，地面得到的光和热多，地面长波辐射强，气温就高。冬季，太阳高度低，照射时间短，地面得到的光和热少，大气从地面长波辐射中获取的能量少，气温就低。这是造成同一个地方冬夏气温不同、白天和夜间气温不同的基本原因。

延 伸 阅 读

世界各地所处的纬度不同，接受太阳的光和热的多少就不同。越接近赤道的地方，也就是纬度越低，太阳高度越大，太阳辐射越强烈，地面吸收的太阳的光和热多，地面的长波辐射就多，气温也就高。

冬季呼出白气的原因

在北方严寒的冬季里，人们在户外活动时，经常发现口中呼出的气体是白色的。这是什么原因呢？

冬天呼出的白气是水蒸气凝结成的小水滴。

我们通常是看不见空气中的水蒸气的，因为水蒸气和空气一样也是无色透明的。空气有个特点，它的温度越高，能容纳的水蒸气就越多；而空气变冷的时候，就容纳不了更多的水蒸气，也就意味着空气中水蒸气达到了饱和。

我们呼出的气体里含有比较多的水蒸气。夏天的温度高，空气中能容纳大量的水蒸

气。到了冬天，天气比较冷，空气中水蒸气的饱和度就低，空气就容纳不了我们从嘴里呼出来的水蒸气，遇到冷空气后一部分水蒸气很快就变成雾状的小水滴。这些小水滴折射光线，在我们看起来就是白气。

从物理学上讲，这就是液化，即物质由气态转变为液态的过程。液化是放热的过程。但白气并不是水蒸气，因为水蒸气是看不见摸不着的。

下面所列举的"白气"都是水蒸气降低温度液化形成的小水滴悬浮在空气中形成的。 如：烧开水时冒出的白气，在严寒冬天里呼出的白气，冬天湖面上冒出的白气，夏天冰棒上冒出的白气，夏天空调冒出的白气，夏天开冰箱时冒的白气，冬天井水里冒出的白气，冬季早晨的大雾，火箭发射时发射塔下冒出的白

气，炒菜的锅冒出的白气等。

液化在生活中具有广泛的应用，例如在两个房间都把水烧开，就可以根据白气的程度来判断房间温度的高低。

最直白地说，气是白雾，从口中呼出的热空气，遇到周围的冷空气能量降低，遇冷液化，所以形成小水珠，才能使白气产生。

水在滚开的时候，会从壶嘴冒出大量的水蒸气，靠近壶嘴的地方是透明的，这是因为壶嘴附近特别热、空气能容纳的水蒸气比较多的缘故。只有在离开壶嘴一段距离以后，才会形成白色的气。再往高一点儿的地方，白色的气在空中又不见了，这是因为远处的空气里水蒸气少，把冒出来的水蒸气都容纳进去了。大气的压力很大，凉水中的空气跑不出来，加热后空气会变轻。当水

烧到100℃左右的时候，热的水汽压力大于空气的压力，所以水汽就跑了出来。平时所说水在100℃沸腾，指的是在标准大气压下的情况。如果在3500米的高山上，水不到90℃就会沸腾；在珠穆朗玛峰的山顶，水在72℃就会沸腾起来。

延 伸 阅 读

地球上的江河湖海、植物、大地都有水分源源不断地被蒸发，所以在空气中含有很多水蒸气。有时候我们觉得周围很潮湿，就是水蒸气太多的缘故，反之，如果觉得空气干燥，就是空气中水蒸气太少的缘故。

云飘在天空的奥秘

　　云，是指悬浮在空中，不接触地面，肉眼可见的水滴、冰晶或水滴和冰晶的混合体。

　　云是地球上庞大的水循环有形的结果。太阳照在地球的表面，使水分蒸发后形成水蒸气，一旦大气中的水汽过于饱和，水分子就会聚集在空气中的微尘周围，由此产生的水滴或冰晶将阳光散射到各个方向，这就产生了云的外观。

云形成于潮湿空气上升并遇冷的区域，这时会产生以下几种云形：

一是锋面云，即锋面上暖气团抬升成云。

二是地形云，即当空气沿着正地形上升时形成的云。

三是平流云，当气团经过一个较冷的下垫面时形成的云。

四是对流云，即因为空气对流运动而产生的云。

五是气旋云，因为气旋中心气流上升而产生的云。

云也有重量，云的重量就是云中所含水滴的重量。水滴的含量会因为云的类型不同而不同。积云的含水量为每立方米0.2克至1克；高积云的含水量为每立方米0.2克至0.5克；层云或层积云的含水量为每立方米0.1克至0.5克；雨层云的含水量每立方米可达15克。例如，一片1平方千米的积云，如果按每立方米平均含水量为0.2克计算，其重量为200吨。

为什么如此重的云团仍然能悬在空中，不会落在地上呢？这主要是由于上升气流的作用。因为云中小水滴的直径通常为0.01毫米，它向下自然下落的速度是每秒0.5厘米。这样，一个小小的上升气流就能使云团悬浮起来。

　　一方面空气对小水滴有向上的浮力作用，另一方面水滴下落时还受到空气的阻力。这种阻力的大小与水滴大小成正比，与下落的速度成反比。

　　水滴一旦开始下落，浮力和阻力就起到阻挡作用。当这两个力的合力与水滴受的重力相等时，它就以不变速度下落。但是这个下落速度很小，每小时不足两米。同时水滴在下落过程中，因压缩而增温，使水滴由于蒸发又重新变成水汽。所以，看到的云总是悬浮在空中的。

　　如果爬山的人站在山下往上看，山腰处白云缭绕；当爬到半

山腰时，却不见了白云，只见是迷雾茫茫；再往上爬时，则又是另一番景色：天空阳光四射，只见眼前一片云海。这种现象就告诉人们，云和雾实质上是一样的，只是所处的高度不同而已。天空的云变化多端，有高有低。离地面最高的云有10000多米，离地面最低的只有几十米，甚至和地面上的雾连成一片。

延 伸 阅 读

　　火烧云是在日出或日落时出现的一种赤色云霞，常出现在夏季，特别是在雷雨后的日落前后。由于地面蒸发旺盛，大气中上升气流的作用比较大，使火烧云呈现出千变万化的形态，十分美丽。

黎明前的黑暗

在一昼夜中，有一段时间特别黑暗，这段时间就是黎明之前。为什么黎明之前会特别黑暗呢？其实，这是大自然的规律，是地球自转产生的结果。我们要想揭开这一奥秘，还得先从大气说起。我们地球周围的大气是看不见、摸不着的。在大气里有许多各种各样大小不同的气体分子、浮尘等，而且越靠近地面，大气中的这些物质就越多。

在地球上的白天和黑夜之间，总有个过渡阶段，这是由于日

出之前和日落之后，大气分子把光线散射到地面的结果。

气象学上把日出前到达地面的光线称为曙光，日落后到达地面的光线称为暮光。曙光持续的时间叫黎明，暮光持续的时间叫黄昏。如果没有大气分子散射引起的曙光和暮光，昼夜的交替就会在日出和日落的那一瞬间突然发生。

黎明前的黑暗正是地球大气作用的结果。当长夜将要结束，旭日将要升起的时候，地平线以下的太阳光照射到地球上空2000千米至3000千米的高层大气，这样，太阳的散射光就把星光冲淡了；而高层大气十分稀薄，它所散射的阳光不能充分透过稠密的大气层传到地面上来。这样，地球上既没有星光照射，又受不到大气的散射光，更没有明耀的阳光，于是就变得深暗，因此这时

候比一天里其他时间都要黑暗。

　　在夜间，因为没有太阳光的直接照射，天空就会呈现黑暗的状态，如果还有一点点微弱的光线，那是因为大气中的空气分子或微小质点对太阳光起着反射作用和散射作用的结果。

　　而这种反射作用和散射作用的强弱，又与地球和太阳光线两者之间的交角高度有很大的关系。交角高度越大，反射作用和散射作用就越强，天空就不那么黑暗；反之，交角高度越小，光的反射作用和散射作用就越弱，天空就越显得黑暗。

　　由于地球与太阳光线之间的交角高度是以日落过后和准备日升的这两个时段时间为最小，所以这两段时间大气对太阳光的反射作用和散射作用是最弱的，因而是最为黑暗的时期。相反，深

夜由于地球与太阳光线之间的交角高度较大，大气对太阳光的反射作用和散射作用相对较强，所以即使是在深夜时间，天空也不一定显得很黑暗。不言而喻，由深夜的不很黑暗到黎明前的比较黑暗，于是就有了黎明前黑暗的感觉现象。在黄昏也有像黎明前那样一段黑暗的时刻，只不过黄昏是由白天转向黑夜,越来越暗，不像黎明前突然的黑暗那样引人注意罢了。

延 伸 阅 读

从自然科学的角度来解释。首先不考虑月亮和亮星等的因素。天文拂晓是黎明之前，太阳仍在地平线下18度的时段，阳光尚未进入天空。所以，此刻的天空是完全黑暗的。

自然界的土壤污染

　　自然界的土壤是动植物生存的基本条件之一。在原始时期，土壤是纯净的，它滋养着万物，哺育着生灵，因而，人们常把大地生动地比喻成母亲。但经过人类社会的不断发展，土壤遭受到各种人为的污染。

　　土壤污染就是指人类活动所产生的污染物质通过各种途径进入土壤后，其数量超过了土壤的容纳和同化能力，从而使土壤的

性质、组成等发生变化，导致土壤自然功能失调，土壤质量恶化的现象。

　　土壤污染物质的来源极为广泛，主要是来自工业废水、城市生活污水和固体废弃物、农药与化肥、牲畜排泄物、生物残体以及大气沉降物等。

　　土壤中的污染物含量如果超标，就会造成潜在的健康和生态危害。很多人类活动都可能导致土壤污染，譬如向土壤表面丢弃、排放固体或液体的污染物，施用杀虫剂，地下储罐、管道和垃圾填埋泄露，大气污染物沉降等。

　　土壤是微生物生存的天堂，1克土壤里就有几亿个微生物，即使在荒无人烟的沙漠里，1克砂土中也有10多万个微生物存在。它们一般都藏在土层0.1米至0.2米深处。土层越深，微生物的数量就越少。

但是，最表层的土壤由于阳光照射，水分又少，所以活的微生物数量也较少。土壤中最多的微生物是细菌，其次是放线菌和真菌。

土壤中的微生物虽然肉眼看不见、摸不着，但它们却具有其他生物所不具备的不可替代的作用。

首先，这些微生物在分解利用有机物时可以产生大量的二氧化碳。地球上的二氧化碳有90％是由微生物产生的，这就给生长在土壤上的各种植物提供了取之不尽、用之不竭的能源和食物。

微生物还可以将一些有机体分解转化成各种物质元素，使这些元素又回到自然界中，使构成生命的物质周而复始地得以循环。

然而，地球上的土壤却越来越受到多种物质的混合污染。任

何污染物的积累、活动性和毒性以及气候、水文等环境条件都能互相作用，从而影响到土壤中的微生物群体，进而影响土壤的质量，直接影响到人类的生产和生活。

延 伸 阅 读

如果一棵死树或者一具动物尸体永久存在而不被微生物分解掉，动植物尸体中的种种元素就无法重新回到自然界。可以想象，如果那样，我们生活的地球将到处是垃圾污秽，将会是多么丑陋不堪！

天然矿物的形成

　　矿物是指由于地质作用而形成的天然单质或化合物。

　　在一些地质展览室里，你也许会见到一些破烂的石头，这些石头可不是寻常的石头。它们都是地质学家们从野外采集回来的

矿石标本，这些矿物中有的已有几百万年的历史，有的甚至有几千万年的历史。

每块石头中都含有矿物元素，有的是金属矿，有的是非金属矿，也有的是造岩矿。

它们的颜色、光泽、硬度、重量，以及每种石头中所含的元素都不同。迄今为止，科学家们已经发现了2000多种矿物。

那么，这些矿物是怎样形成的呢？

地壳中的各种矿物是由自然界中多种元素在地壳不断的变动中演变而来的。

原来，在地壳的下面，有一种液体物质叫做岩浆，各种元素就存在于岩浆中，在岩浆高温融化的条件下，会发生各种化学变化，当岩浆在火山、地震等特殊条件下上升到地表冷却，或者在地下深处直接冷却，在原来的温度、压力条件下发生变化，产生出多种多样的矿物，这是矿物产生的一种途径。

另外，在高温、高压、微生物和其他作用下，会使已经形成的矿物再经过一系列的演变，再度形成新的矿产资源。如煤炭、石油等就是这样产生的。煤的化学成分很不稳定，因而它不是矿物，只是典型的混合物。

矿物千姿百态，就其单体而言，它们大小悬殊，有的肉眼或用一般的放大镜可见，有的需要借助显微镜或电子显微镜辨认，有的呈规则的几何多面体形态，有的是存在于岩石或土壤中的不规则的颗粒。

矿物单体间有时可以产生规则的连生，同种矿物晶体可以彼

此平行连生，也可以按一定对称规律形成双晶，非同种晶体间的规则连生称浮生或交生。

长期以来，人们根据物理性质来识别矿物，如颜色、光泽、硬度、解理、比重和磁性等都是矿物肉眼鉴定的重要标志。

作为晶质固体，矿物的物理性质取决于它的化学成分和晶体结构，并体现着一般晶体所具有的特性——均一性、对称性和各向异性。

延 伸 阅 读

宝石有许多种，最有价值的是金刚石、红宝石、蓝宝石和绿宝石。其中金刚石又称钻石，是最珍贵的，它是矿物质中最坚硬的，带有金属光泽，非常美丽。南非是金刚石产量最高的国家。

大地的绿色屏障

　　森林是一个高密度树木的区域，被称为"大地的绿色屏障"。森林是由树木为主体所组成的地表生物群落，它具有丰富的物种、复杂的结构和多样的功能。

　　森林里的植物群落对降低二氧化碳浓度、调节动物群落和水文湍流、巩固土壤等都起着重要作用，是构成地球生物圈的最重要部分。

森林与所在空间的非生物环境有机地结合在一起，构成完整的生态系统。森林是地球上最大的陆地生态系统，是全球生物圈中重要的一环。它是地球上的基因库、碳贮库、蓄水库和能源库，对维系整个地球的生态平衡起着至关重要的作用，是人类赖以生存和发展的资源和环境。

森林是大自然的清洁工。在保护环境方面，森林的生态效益远远高于直接经济效益。如芬兰一年生产价值17亿马克的木材，而森林的生态效益提供的价值达53亿马克。

森林对保护环境的作用极大：

森林是制造氧气的"工厂"。据测定，1亩森林一般每天产生氧气48.7千克，能满足65个人一天的呼吸需要。

树木还能够吸收有害物质。1公顷的柳杉林，每个月可吸收二氧化硫60千克；女贞、丁香、梧桐、垂柳、松柏、洋槐等对减轻

氟化氢危害有很好的作用。

森林能够保持水土。0.2米厚的表土层，假设要被雨水冲刷掉，林地需57.7万年，草地要82000年，耕地需要46年，裸地只要18年。这说明，缺少森林植被会使土壤侵蚀加剧。

森林能涵养水源。树冠像一把张开的伞，可以截留10%至20%的雨量。50000亩森林的贮水量，相当于一个100万立方米的小型水库。

在同一纬度相同面积的情况下，森林比海洋蒸发的水分多一半。此外，树木还能防风固沙、降低噪声。

长期以来人们滥伐森林造成严重的水土流失。我国的黄土高原，历史上曾是"翠柏烟峰，清泉灌顶"，在西周时期森林覆盖率达到53%。现在森林被毁，高原被洪水切割破碎，水土流失极为严重。森林减少还会导致土地沙漠化。现在，全世界每年有

60000平方千米的土地沦为沙漠。森林减少也使气候恶化、灾情剧增、农业减产。我们一方面要植树造林，扩大森林面积，另一方面要保护现有森林资源。

延 伸 阅 读

各种树木就好像抽水机一样，能不断地吸收土壤中的水分，然后再通过蒸腾作用，把土壤中的水分以气态的形式散发到大气环境中去。据统计，一亩杉木林在每年的生长季节可蒸腾170吨水。

保护草原生态系统

草原属于土地类型的一种，是具有多种功能的自然综合体，分为热带草原、温带草原等多种类型。草原上生长的多是草本和木本饲用植物。

草原的含义有广义与狭义之分：广义的草原包括在较干旱环境下形成的以草本植物为主的植被，主要包括两大类型：热带草原和温带草原。狭义的草原则只包括温带草原。因为热带草原上有相当多的树木。

根据生物学和生态特点，可划分为四个类型：草甸草原、平草原、荒漠草原、高寒草原。

草原起源于全球气候干冷期，与它们常混进的莽原、沙漠、灌丛地相似。其实，禾草科本身在新生代早期才进化完成。草原最早出现的日期因地而异。

在好几个地区，新生代化石中发现一系列植被类型。如在过去5000万年里，澳大利亚中部热带雨林持续被莽原、草原，最后是沙漠所取代。

在某些地方，草原扩展到接近现代规模的情况仅出现于200万年前极度干冷时期，在北方温带区称为"冰期"。

草原与相关植被类型之间通常会出现一种动态平衡。有时候，干旱、火灾或密集放牧的时段有利于草原形成，在湿季和没有重大干扰时有利于木本植被生长。

草原的气候各不相同，但所有大型草原区通常都是炎热而干燥的。草原出现不同的气候和地质环境，也与不同的土壤类型有关。

草原上生长着多种优良牧草，是重要的畜牧业基地。此外，草原植被还蕴藏着许多药用植物，可采收利用。

草原生态系统指以各种草本植物为主体的生物群落及其环境构成的陆地生态系统，它是主要的生态系统类型。草原生态系统本身影响着土壤形成，这又导致草原土壤异于其他土壤。

草原生态系统在垂直剖面上分草本层、地面层和根层，各层的结构都比较简单，层次分化不明显。在草原生态系统中，

以哺乳动物中较小的穴居种类和大型健走的草食动物为主，鸟类则较少。

随着人口激增，许多草原都存在生态系统退化问题。因此，我们必须加强科学管理，合理利用。

延　伸　阅　读

　　我国著名的若尔盖大草原地处四川、甘肃、青海三省结合部的西北大草原，是由若尔盖、阿坝、红原、壤塘四县组成，面积达35600多平方千米，是以放牧为主的藏族人民的主要聚居地。

城市的生态系统

城市生态系统指城市空间范围内的居民与自然环境系统和人工环境系统相互作用而形成的统一体。它是以人为主体的人工化环境。

城市生态系统的特点为：人是生态系统的核心；系统能量及物流量巨大，密度高且周转快；食物链简化，系统自我调节能力小。

城市生态系统的总目标是追求系统本身运转的高效、安全、舒适与和谐。城市生态系统的发展取决于自然环境条件、社会环

境状况和城市居民的活动，在特定的自然环境条件下，它的发展主要取决于城市高层管理决策者的政策与决策。

因此，我们必须十分重视城市生态规划与设计，使城市建设与发展更加科学合理。为此，人们有了建造城市森林的举措。树木能吸收二氧化碳等有害气体、降低城市空气温度、抑制"温室效应"的发展，有效起到类似空调的作用。

城市防护林还具有减缓风速的作用，其有效范围在树高40倍以内，其中10倍至20倍范围内效果最好，可降低风速50％。在城镇房屋的迎风面，种植10行高大松树，风速可降低60％。

城市森林可增加城市空气湿度，一个树种选择和结构配置合理的城市森林，空气相对湿度可增加54％。

城市的树林还具有蒸散作用。一棵成年树，一天可蒸发400千

克水。城市的片林、林带和绿篱都有降低噪音的作用。绿篱、乔木和灌木混合结构带、30米宽的林带，可以分别降低噪音3分贝至5分贝，或6分贝至8分贝。

城市树木可以吸附飘浮在城市空气中的悬浮尘粒，借降水将其冲刷到地面，净化城市空气。城市森林可以提供清凉饮用水，如美国东部的一些城市，由于城市森林的作用，出现了清凉饮用水源头。在城市里植树造林，既可以保护自然环境，增加经济收益，净化空气，确保太阳的照明度，又可以防止火灾、水灾，并构成优美的景致。

绿化城市体现了一个国家所具有的文化水平和艺术修养。因此，各个国家都非常重视城市的绿化。以目前情况，我国的城市绿化总体来说还比较落后。1962年美国首先使用"城市森林"这

一名词，1972年美国国会通过"城市森林法"，把森林引入城市或把城市坐落在森林中，恢复人类与森林的本来面目。美国于1988年又提出了"地球解放"计划，要求把城市的树木覆盖率从30％提高到60％，已得到若干国家的响应。

延 伸 阅 读

　　现在，评价城市的标准已经逐渐提高。人们提倡城市与自然的共存，提出"城市森林""生态城市""生态园林""立体绿化"等新观念，其核心就是增加绿色覆盖率。

巨大海流的形成

　　海中的河流学名叫海流，又叫洋流。它和陆地上的河流一样，终年沿着比较固定的路线流动。

　　海流是海水因热辐射、蒸发、降水、冷缩等而形成密度不同的水团，再加上风应力、地转偏向力、引潮力等作用而形成的大规模相对稳定的流动。海流把世界大洋联系在一起，使大洋得以保持相对的稳定。

海洋里那些比较大的水流，多是由强劲而稳定的风吹刮起来的，这种海流叫做"风海流"，也叫"漂流"。由于海水密度分布不均匀而产生的海水流动，称为"密度流"，也叫"梯度流"或"地转流"。海洋中最著名的海流是黑潮和湾流。

　　海流形成的原因有很多，最主要的原因是风。另外，水温的变化、海面的高低和地球的自转等，都会给海流的形成和走向造成影响。

　　海面上的风力驱动会形成风生海流。由于海水流动随深度的增大而减弱，其所涉及的深度通常仅有几百米，相对于几千米深的大洋而言只是一薄层。

　　海流形成之后，由于海水的连续性，在海水产生辐散或辐聚的地方，将导致升、降流的形成。 根据海水受力及成因，海流有各种分类和命名。如热盐环流、地转流、惯性流、陆架流、赤道

流、东西边界流等。世界大洋表层的海洋系统，按其成因来说，大多属于风海流。不同海域海水的温度和盐度不同，会使海水密度产生差异，从而引起水位的差异，在密度不同的两个海域之间产生海面的倾斜，造成海水的流动，就形成了密度流。

当某一海区的海水减少时，相邻海区的海水就来补充，这样形成的海流称为补偿流。补偿流既可以水平流动，也可以垂直流动，垂直补偿流又可以分为上升流和下降流，如秘鲁寒流属于上升补偿流。

综上所述，产生海流的主要原因是风力和海水密度差异。实际发生的海流总是多种因素综合作用的结果。

如果海流的水温比周围的海水温度高，叫做暖流；如果海流的水温比周围海水的温度低，叫做寒流。

当暖流和寒流遇到一起时，海水会产生剧烈的搅拌，把海洋

底层的营养物质搅上来，促进浮游生物迅速繁殖。这样，鱼虾和各种海洋动物就会从四面八方跑来争食，便形成了渔场。

　　另外，海流能把空气中的氧气送到海洋的深处，有利于海洋生物的生长；海流还能调节气候，把热量带到寒冷的地方。

延 伸 阅 读

　　世界上最大的海流有几百千米宽，上万千米长，数百米深。与陆上河流不同的是，陆上河流两侧有岸，海流却是在一望无际的大海中流动，很难分辨，所以又叫它"看不见的河流"。

冬季为何刮北风

　　风是指相对于地表面的空气运动，通常指它的水平分量，以风向、风速或风力表示。风向就是指气流的来向。

　　风速是空气在单位时间内移动的水平距离，以米/秒为单位。

大气中水平风速一般为1米/秒至10米/秒，台风、龙卷风有时达到102米/秒。而农田中的风速竟然可以小于0.1米/秒。

自然界里的风是受大气环流、地形、水域等不同因素综合影响的，它表现的形式也多种多样，气象学家把各种风都作了命名，如季风、地方性的海陆风、山谷风、焚风等。

简单地说，风是空气分子的运动。要理解风的成因，先要弄清两个关键的概念：空气和气压。空气的构成包括：氮分子、氧分子、水蒸气和其他微量成分。

所有空气分子以很快的速度移动着，彼此之间迅速碰撞，并和地平线上任何物体发生碰撞。

气压是指在一个给定区域内，空气分子在该区域施加的压力的大小。一般来讲，在某个区域空气分子存在越多，这个区域的气压就越大。

有时气压的变化是风暴引起的，有时是地表受热不均引起的，有时是在一定的水平区域上，大气分子被迫从气压相对较高的地带流向低气压地带引起的。

我国沿海地带处于我国的南方，与太平洋相连。夏季由于陆地的温度比海洋的温度高，就形成了低气压，而凉爽的海洋上由于温度低则形成高气压。所以，在夏季我国的风向是由南方的海洋吹向北方的陆地，这个道理就像水从高处向低处流一样。

冬季，大陆的气温要比海洋的气温低得多，这时候，大陆上形成了高气压，海洋上是低气压，空气从高气压区流向低气压区，亚洲广大地区出现了从大陆吹向海洋的风，这就是寒冷的北风。

延 伸 阅 读

由于大陆和海洋在一年之中增热和冷却程度不同，在大陆和海洋之间大范围的风向随季节有规律改变的风，称为季风。季风是由海陆分布、大气环流、大地形等因素造成的。

台风的形成

台风是热带气旋的一个类别。按照世界气象组织定义，当热带气旋中心持续风速达到12级，即每秒32.7米或以上，称为飓风。

台风和飓风因发生的地点不同，因而叫法不同。在美国一带称飓风，在菲律宾、中国、日本一带叫台风。

在台湾岛附近出现的一种具有特殊性质的风暴称为台风，与来自台湾的风有关。过去我国习惯称海温高于26℃的热带洋面上发展的热带气旋为台风。

热带气旋按其强度的不同，依次可分为6个等级：热带低压、热带风暴、强热带风暴、台

风、强台风和超强台风。1989年起我国采用国际热带气旋名称和等级标准。

空气的流动就是风。空气为什么流动呢？这是由于地球各个地区吸收太阳的能量不均匀，冷的地方空气密度大，热的地方空气密度小，于是密度小的热空气就上升，而冷空气因为密度大则下降，造成空气流动，因而形成了风。

在夏秋季节，阳光暴晒，海洋上温度很高，热空气轻而上升，周围的冷空气便跑过来填补空缺。再因地球自转，气流十分容易急速旋转，而上升的水气冷凝成水滴放出热量也会加速气流旋转的速度。风速超过12级时，便成了破坏力极大的台风。

西北太平洋地区是世界上台风活动最频繁的地区，每年仅登

陆我国就有六七次之多。

我国按照台风发生的区域和时间先后进行四码编号，前两位为年份，后两位为顺序号；美国关岛海军联合台风警报中心则用英美国家的人名命名，国际传媒在报导中也常用关岛的命名方式；还有一些国家对影响本区的台风自行取名。

为了避免名称混乱，有关国家和地区举行专门会议决定，凡是活跃在西北太平洋地区的台风，一律使用亚太14个国家（地区）共同认可、具有亚太区域特色的一套新名称，以便于各国人民防台抗灾、加强国际区域性合作。

台风在危害人类的同时，也在保护人类。台风带来的淡水资源，大大缓解了全球水荒。一次中级台风，登陆时可带来30亿吨

降水。

　　另外，台风还使世界各地冷热保持相对均衡。赤道地区气候炎热，若不是台风驱散这些热量，热带会更热，寒带会更冷，温带也会从地球上消失。一句话，台风太大太多不行，但没有也是不行的。

延 伸 阅 读

　　我国对台风的分类命名一共分为三种：风力相当于6级至7级的台风，称为热带低压；风力相当于8级至11级的台风才被称为台风；风力相当于12级以上的台风，则被称为强台风。

龙卷风的危害

　　龙卷风是在极不稳定的天气下由于空气的强烈对流运动而产生的，是一种伴随着高速旋转的漏斗状云柱的强风涡旋。

　　龙卷风外貌奇特，它的上部是一块乌黑或浓灰的积雨云，下部是下垂着的形如大象鼻子的漏斗状云柱，风速一般每秒50米至100米，有时可达每秒300米。龙卷风的中心附近风速，比海上的

台风近中心最大风速还要大好几倍。

由于龙卷风内部空气极为稀薄，导致温度急剧降低，促使水汽迅速凝结，这也是形成漏斗云柱的重要原因。

龙卷风的破坏性极强，所经过的地方，常会发生拔起大树、掀翻车辆、摧毁建筑物等现象，甚至把人、畜也一并卷携吸走。龙卷风影响范围虽小，但造成的灾情却很大。

1995年，在美国俄克拉荷马州阿得莫尔市发生的一场陆龙卷，将诸如屋顶之类的重物吹出几十千米之远。大多数碎片落在陆龙卷通道的左侧，按重量不等常常有很明确的降落地带。较轻的碎片可能会飞到300多千米外才落地。

1999年5月27日，美国得克萨斯州中部，包括首府奥斯汀在内的4个县遭受特大龙卷风袭击，造成至少32人死亡，数十人受伤。据报道，在离奥斯汀市北部60千米的贾雷尔镇，有50多所房屋倒塌，有30多人在龙卷风中丧生。

2008年2月，龙卷风袭卷美国田纳西州卡斯塔利安市时，一名婴儿被龙卷风抛出100米外，面朝地摔在烂泥巴中，幸而大难不死。他的母亲则不幸在无情的龙卷风中丧生。

2009年7月21日晚，尼加拉瓜发生的一次龙卷风灾，导致300多间房屋受损，其中85间房屋的顶棚被龙卷风卷走，1人死亡，15人受伤。

2011年5月初，美国南部地区遭遇龙卷风袭击，大量市镇被毁，数百人丧生。5月3日，在夏威夷州的檀香山海港甚至出现了"双龙吸水"的罕见景观。

　　龙卷风虽然可怕，但并不神秘，它就是一种极端的天气现象。目前，我们还没办法控制它，然而我们可以研究它的成因，提前预报，最大限度地减少它对人类的伤害。

延　伸　阅　读

　　龙卷风这种自然现象其实是云层中雷暴的产物。具体地说，龙卷风就是在雷暴发生时所产生的巨大能量中的一小部分，在很小的区域内进行集中释放的一种形式。

雨的形成过程

　　雨是从云中降落的水滴，当陆地和海洋表面的水蒸发变成水蒸气，水蒸气上升到一定高度时会遇冷凝结成小水滴。这些小水滴又组成云，它们在云里互相碰撞，合并成大水滴，当它大到空气托不住的时候，就会从云中落下来，形成雨。

　　雨的成因多种多样，它的表现形式也千姿百态，有毛毛细雨，有连绵不断的阴雨，还有倾盆而下的阵雨。

　　雨水是人类生活中最重要的淡水资源，植物也要靠雨露的滋润才能茁壮成长。但暴雨造成的洪水也会给人类带来巨大的灾难。

　　地球上的水受到太阳光的照射后，就变成水蒸气被蒸发到空气中去。水蒸气在高空凝聚成的小水滴都很小，直径只有0.0001毫米至0.0002毫米，最大的也只有0.002毫米。它们又小又轻，被空气中的上升气流托在空中。

　　如果这些小水滴要凝结成雨滴降到地面，它的体积大约要增大100多万倍。那么，小水滴是怎样使自己的体积增长的呢？主要有两种途径：一是凝结和凝华的增大；二是依靠云滴的碰撞而增大。

　　在雨滴形成的初期，云滴主要依靠不断吸收云体四周的水汽来使自己凝结和凝华。

如果云体内的水汽能源源不断地得到供应和补充，使云滴表面经常处于过度的饱和状态，那么，这种凝结过程将会继续下去，使云滴不断增大，成为雨滴。

但是，有时候云内的水汽含量是有限的，在同一块云里，水汽往往供不应求，这样就不可能使每个云滴都增大为较大的雨滴，有些较小的云滴只好归并到较大的云滴中去了。

如果云内出现水滴和冰晶共存的情况，凝结和凝华的增大过

程将大大加快。当云滴降落，通过温暖的空气时，就融化成了雨点。当雨滴落下时，小雨滴因聚集而变大，最大的雨滴直径有5毫米，细雨的雨滴小于0.5毫米。雨的大小是根据雨量确定的。气象部门根据观察和预测一天24小时之内降雨量的多少，把雨划分为四种类型，即小雨、中雨、大雨和暴雨。

延 伸 阅 读

雷雨云的范围一般在10千米至30千米之间。而雷声的传播范围比雷雨云大得多，达到50千米至70千米。这样，不在它的范围内又能听到雷声的地方，就会"干打雷不下雨"了。

日晕预示将要下雨

　　我们通常把太阳或月亮周围出现的这种光圈叫做"晕"。太阳周围出现的光圈叫"日晕"，月亮周围出现的光圈叫"月晕"。晕是一种比较奇特的气象现象，晕圈的颜色一般是内红外紫。

　　日晕是比较罕见的天象，有全晕圈和缺口晕。天空中出现由

冰晶组成的卷层云时，往往在太阳周围出现一个或两个以上以太阳为中心内红外紫的彩色光环，有时还会出现很多彩色或白色的光点和光弧，这些光环、光点和光弧统称为晕。

日晕也称为"日枷"。当光线射入卷层云的冰晶后，经过两次折射，分散成不同方向的各种颜色的光。有卷层云时，天空飘浮着无数冰晶，在太阳周围的同一圆圈上的冰晶，都能将同颜色的光折射到我们的眼睛里而形成内红外紫的晕环。

当光环半径的对应视角在22度至46度之间时，人们用肉眼就能观察到日晕现象。

日晕多出现在春夏季节，偶尔也出现在冬季。在我国民间有

"日晕三更雨，月晕午时风"的谚语，意思就是说，如果出现日晕这种天象，就预示着夜半三更将会降雨；如果出现月晕，就意味着第二天的中午会刮风。

日晕在一定程度上可以成为天气变化的一种前兆，出现日晕天气有可能要转阴或者下雨。民间有人说这种现象可以预兆当年气候的旱涝，其实这种说法并无科学依据。

当天气要变化时，一般先在高空出现淡淡的云，这种云有点像鸟类的羽毛，叫做卷云。不久，卷云的下面又会出现含雨的卷层云。

卷层云一般是在6000米以上的高空出现，那里的温度很低，小水滴变成了小冰晶。日光通过云层照到小冰晶上发生折射，使我们看到在太阳的周围出现圆圈。

日晕在某一地区出现，表示该地区正在冷空气控制下，天气尚好。可是在离该地几百千米的地方，正有一股暖湿气流和冷空气交锋，并向这里移动，它的前锋已经到达这里的高空。接着，云层越来越厚，越来越低，风力逐渐加强。因此，该地区过不了多久，就会下起雨来。

延 伸 阅 读

我们肉眼所见的日晕多是白色或者乳白色。其实它也和彩虹一样，是一个彩色的光圈。科学家们通过观察得出结论：日晕从内向外的颜色依次为红、橙、黄、绿、蓝、靛、紫七种颜色。

美丽彩虹的形成

　　彩虹，又称天虹，简称虹，是气象中的一种光学现象。当太阳光照射到空气中的水滴，光线被折射及反射后形成了拱形的七彩光谱，这就形成了彩虹。彩虹形状弯曲，色彩艳丽，是雨后较为常见的气象。在东亚地区人们认为彩虹从内到外的颜色分别为红、橙、黄、绿、青、蓝、紫。在我国也常有"赤橙黄绿青蓝

紫"的说法。"彩"是"多种颜色"的意思。"虹"字中的"工"表示"人工"，引申指"规整"；"虫"指"龙"；"虫"与"工"结合起来表示"龙吸水"。

彩虹在我国民间俗称"龙吸水"。在古代人们认为彩虹会吸干当地的水，所以人们在彩虹来临的时候敲击锅、碗等来"吓走"彩虹。显然，这种做法是毫无科学根据的。

通常我们肉眼所见的彩虹是拱曲形，像一座桥的形状，民间常有"彩虹桥"的说法。

我们知道，当太阳光通过棱镜片的时候，前进的方向就会发生偏折，而把原来的白色光线分成红、橙、黄、绿、蓝、靛、紫7种颜色的光带。因为阵雨过后空中还飘散着许多小雨珠，这时，雨珠就扮演棱镜的角色，当由七色光组成的阳光照射雨珠时就会产生折射，并将阳光同时分解成七色光，于是就出现了美丽的七色彩虹。有些时候，我们会见到两条彩虹同时出现，在平常的彩虹外边出现同心，但颜色较暗的副虹，又称霓。副虹是阳光在水滴中经过两次反射而形成的。

当阳光经过水滴时，它会被折射、反射后再折射出来。在水滴内经过一次反射的光线，便形成人们常见的彩虹，即主虹。如果光线在水滴内进行了两次反射，便会产生第二道彩虹，即霓。

霓的颜色排列次序跟主虹颜色的顺序恰恰相反。由于每次反

射都会损失一些光能量，因此霓的光亮度比较弱。两次反射最强烈的反射角出现在50度至53度之间，所以副虹在主虹的外围。

正因有了两次反射，副虹的颜色次序才跟主虹顺序相反。副虹总是伴随主虹的存在而存在的，只因其光线强度较低，人们肉眼不易察觉而已。

延 伸 阅 读

1979年8月，英国北威尔士出现的彩虹持续了3个多小时，这是持续时间最长的一次彩虹。1948年9月24日下午6时，在俄罗斯彼得格勒涅瓦河上空，同时出现了4条美丽的彩虹。

酸雨对人类的危害

酸雨正式的名称是酸性沉降，分为"湿沉降"与"干沉降"两大类。"湿沉降"指的是所有气状污染物或粒状污染物，随着雨、雪、雾或雹等降水形态落到地面上；"干沉降"是指在不下雨的日子，从空中降下来的落尘所带的酸性物质。

酸雨含有硝酸、硫酸、盐酸等酸性物质，具有较大的腐蚀性，会严重地污染环境，对人类造成极大的危害，所以被人们称之为"空中死神"。

某一地区在一年之内可以降无数次雨，有的是酸雨，有的不是酸雨。因此，把某一地

区降酸雨的次数除以总降雨的次数称为酸雨率。酸雨率的最低值为0%，最高值为100%。

酸雨的形成主要是工厂、汽车、飞机等燃烧石油和天然气后不断地向大气中排放含硫和氮的废气而造成的。进入大气中的二氧化硫和氧化氮气体在局部地区富集，在水的凝结过程中溶解于水。溶解于水的气体再经过氧化作用等复杂的大气化学和物理过程，形成硫酸或硝酸。这两类强酸随雨、雪、雹、雾等降落到地面上，就形成了酸雨、酸雪、酸雹、酸雾等，统称酸雨。

由此可见，酸雨也是人类活动造成严重大气污染的结果，是当代人类社会面临的全球性环境问题之一。

酸雨刺激人的眼角膜和呼吸道黏膜，容易导致红眼病和支气管炎，还能诱发肺病。它使农田土壤酸化，使本来固定在土壤矿化物中的有害重金属，如汞、镉、铅等再度溶出，被粮食，蔬菜吸收，人类摄取后会中毒得病。

　　酸雨还会使一些珍贵的文物面目全非。如碑林上的文字变得模糊，石刻佛像的眼睛、鼻子、耳朵等剥蚀严重。碑林和石刻大都由石灰岩雕成，石灰岩遇到酸雨后会立即引起化学反应，酸碱中和形成腐蚀。

　　酸雨降落到湖里会引起湖泊酸化，导致湖里的藻类减少，鱼类死亡，虾类灭绝。酸雾会使鸟类受到伤害，酸雨会引起森林衰

退、湖泊酸化、土壤贫瘠、粮菜减产、建筑物腐蚀……严重破坏着我们的家园。近些年，酸雨现象越来越频繁，这也是人类对大自然人为破坏的结果。最严重的是酸雨对人体健康的极大危害，硫酸雾微粒可以侵入人肺的深部组织，引起肺水肿和肺硬化等疾病，还会引起肺部和其他器官等发生癌变。

延 伸 阅 读

　　据统计，在中欧约有100万公顷的森林由于受到酸雨的危害而枯萎，意大利的北部也有9000多公顷的森林因酸雨而死亡。美国和加拿大在1980年一年内，因酸雨死亡的人数就达1500人之多。

怪雨产生的原因

降雨是一种普遍的自然现象，然而，如果伴随下雨而降落一些东西或活生生的小动物来，真可谓是今古奇观了，人们称这种现象为"怪雨"。

1991年10月28日，在湖北省长阳县都镇湾出现晴天下雨，并且雨只降在一平方米以内。雨从10月28日至11月5日，一直下个不停。

1975年9月7日凌晨4时许，新疆维吾尔自治区米泉县的甘泉堡的一条干沟中下起了暴雨，而四周却晴空万里。

各种动物雨经常光临一些地区，如在英国、美国、新西兰等地都曾下过鱼雨；在法国、

英国等地降过"青蛙雨"，1877年在美国降过"蛇雨"等。

据史料记载，1043年和1334年在我国山东、河南等地曾下过"血雨"；1608年在法国曾降过深红色的"血雨"；1979年，湖南省长沙县和民凰县一些地区下了罕见的"黑雨"，东北兴安岭林区曾下过"黄雨"。此外，还有 "泥雨""沙雨""石雨"等。

科学家们经过研究找到了造成怪雨的原因，那就是龙卷风。龙卷风可以把陆地上的尘土、沙粒甚至重物卷到空中，也可以把江湖、海洋中的水连同水里的鱼虾吸上天空，然后随雨降下。

龙卷风所经之处，地面的物体被卷入空中，还会把所经之处的大小池塘吸干，把其中的鱼、虾、蟹、蛙等一同卷上天。一旦

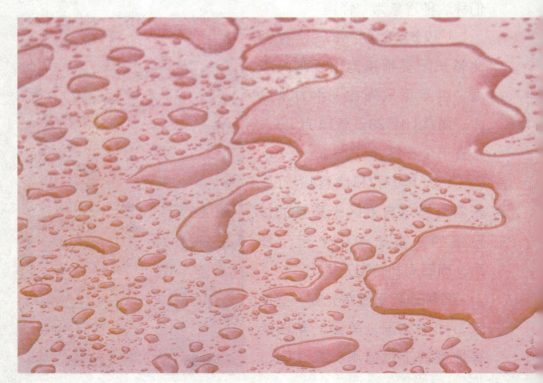

龙卷风减弱，被卷的物体再降落到地面上，就形成各种怪雨。

　　但并非一切怪雨都是由龙卷风造成，别的原因也会产生怪雨。我国东北兴安岭林区下过的"黄雨"就是因为每年5月至6月份红松开花时，空中飞舞的黄色花粉。花粉是一种很好的凝结核，当水汽凝结在上面或雨滴粘着花粉，就形成金灿灿的"黄雨"。工业污染也能酿成各种怪雨，如"酸雨""黑雨""金属雨"等。

　　除上述原因，一些自然过程和人类活动，如火山爆发、森林火灾以及核爆炸等，也会使天空中产生形形色色的怪雨。

　　近年来，世界各国的天体物理学家都对"干雨"产生了特别的兴趣。干雨很早就出现过，只是极为少见，近年来却越来越频

繁。大约在100年以前，干雨曾毁灭了亚速尔群岛地区的一支舰队。曾经发生在德克萨斯草原的一场特大火灾，也是干雨引起的。 对于干雨现象有两种解释：一种认为干雨是彗星散落后的物质一部分落进地球产生的；另一种认为干雨是未知的另一种文明的破坏活动。

延 伸 阅 读

在干雨引发大的火灾时，不仅需要扑灭燃烧物质，还要对付高达2000℃的雨热。对这种雨热来说，扑救火灾时除了使用水以外，还要使用一种特殊的物质粉来隔断热源和氧气的接触。

下雨打雷的原因

　　春、夏两季是雨水的多发季节，并且时常伴随"隆隆"的雷声和闪电，那么雷是怎样产生的呢？

　　每当下雨时，天空都会出现厚厚的积雨云，这些云层由于气流的摩擦分别带上正负不同的电荷，这些电荷聚集在云层的两端，并且随云层的增厚而不断增加。

随着云层中电荷的运动，空气剧烈增热，并使温度高达15000℃至20000℃，造成了空气的急剧膨胀，通道附近的气压可增加到100个大气压以上。紧接着又发生迅速冷却，空气很快收缩，压力减低。

这一骤胀骤缩的现象发生在千分之几秒的短暂时间内，所以在闪电爆发的刹那间会产生冲击波。冲击波再以5000米/秒的速度向四面八方传播，途中能量很快衰减，波长逐渐增长。电荷穿过云层放电时产生耀眼的光就是闪电，在闪电发生后0.1秒至0.3秒，冲击波就会演变成声波，这就是我们听见的雷声。

事实上，闪电和雷声是同时发生的，但光的传播速度比声音的传播速度快100万倍，所以，人们总是先看见闪电，然后才听到雷声。

还有一种说法，认为雷鸣是在高压电火花的作用下，由于空气和水汽分子分解而形成的声音。雷鸣的声音在最初的十分之几秒时间内同爆炸声波相同。这种爆炸波扩散的速度约为5000米/秒，在之后的0.1秒至0.3秒钟，它就演变为普通的声波。

　　形成雷雨云要具备一定的条件，即空气中要有充足的水汽，要有使湿空气上升的动力，还要使空气能产生剧烈的对流运动。春夏季节，由于受南方暖湿气流影响，空气潮湿，同时太阳辐射强烈，近地面空气不断受热而上升，上层的冷空气下沉，易形成强烈对流，所以多雷雨，甚至降冰雹。

　　而冬季由于受大陆冷气团控制，空气寒冷而干燥，加之太阳

辐射弱，空气不易形成剧烈对流，因而很少发生雷阵雨。但有时冬季天气偏暖，暖湿空气势力较强，当北方偶有较强冷空气南下，暖湿空气被迫抬升，对流加剧，就会形成雷阵雨，出现所谓"雷打冬"的现象。

延 伸 阅 读

　　雷暴的产生不是取决于温度本身，而是取决于温度的上下分布。也就是说，冬天虽然气温不高，但如果上下温差达到一定值时，也能形成强对流，产生雷暴。冬打雷在中国很少见，但在加拿大多伦多的冬天就经常出现。

雷暴带来的灾害

　　雷暴是指有雷鸣和闪电的天气现象，时常出现在春夏之交或炎热的夏天。大气中云层不稳定时容易产生强烈的对流，云与云、云与地面之间的电位差达到一定程度后就要发生放电。

　　有时雷声"隆隆"，耀眼的闪电划破天空，常伴有大风、阵性降雨或冰雹。雷暴天气总是与发展强盛的积雨云联系在一起。天气预报常说的雷雨大风等强对流天气，就是指这种伴有强风或

冰雹的雷暴天气。

　　由于雷暴的发生发展与积雨云紧密相连，从雷暴云的出现到消失，有很强的局地性和突发性，水平范围只有几千米或十几千米，发生时间也仅有2小时至3小时。

　　强雷暴是一种灾害性的天气，雷电会引起雷击火险；大风刮倒房屋，拔起大树，果木蔬菜等农作物遭冰雹袭击后会损失严重，甚至颗粒无收；有时暴雨还会引起山洪暴发、泥石流等地质灾害。

　　单个雷暴持续的时间一般不超过两个小时。我国发生雷暴的天气，一般南方多于北方，山区多于平原，而且多出现在夏季和秋季，冬季只有在我国南方偶有出现。

雷暴出现的时间多在下午。但夜间云顶辐射冷却，使云层内的温度层结变得不稳定，也可能引起雷暴，称为夜雷暴。雷电灾害造成的人员伤亡主要集中在农村。这是因为，雷电有一定的选择性，而农村的地理环境和特性，恰好对了它的"胃口"。

一般来讲，土壤和水的电阻率比较小，在靠近水和土壤的物体，较容易遭受雷击。比如，旷野里孤零零的建筑物、凉亭、草棚等；又如高耸的建筑物、内有大型金属体的厂房、内部经常潮湿的房屋等，都存在雷暴安全隐患。此外，在雷暴天气里，家用电器若处置不当，也可能惹来大祸。

一般在汛期，对流性天气比较多，打雷也较频繁，雷电常造成人员的无辜伤亡，因此防雷减灾已成为日常的需要。

　　每年全球雷暴约有800万次以上，雷电把大气中的水、氧、氮生成了4亿吨以上的氮肥。

　　打雷可以产生臭氧，而使地球上空臭氧层的浓度不会因环境问题影响过大。太阳光经过臭氧层时，臭氧吸收了大部分的紫外线，保障地球上的动植物、人类免受过强紫外线的伤害。

延　伸　阅　读

　　电视、冰箱甚至电话机在没有屏蔽接地引入的条件下，在雷雨季节时都是定时炸弹。如果不能确定是否有必要的防雷措施，在雷雨天气应该及时拔掉所有的电器插头，这也是一种很好的应急措施。